ZWERGBARSCHE
IM MEERWASSERAQUARIUM
PFLEGE UND NACHZUCHT

Wolfgang Mai

12

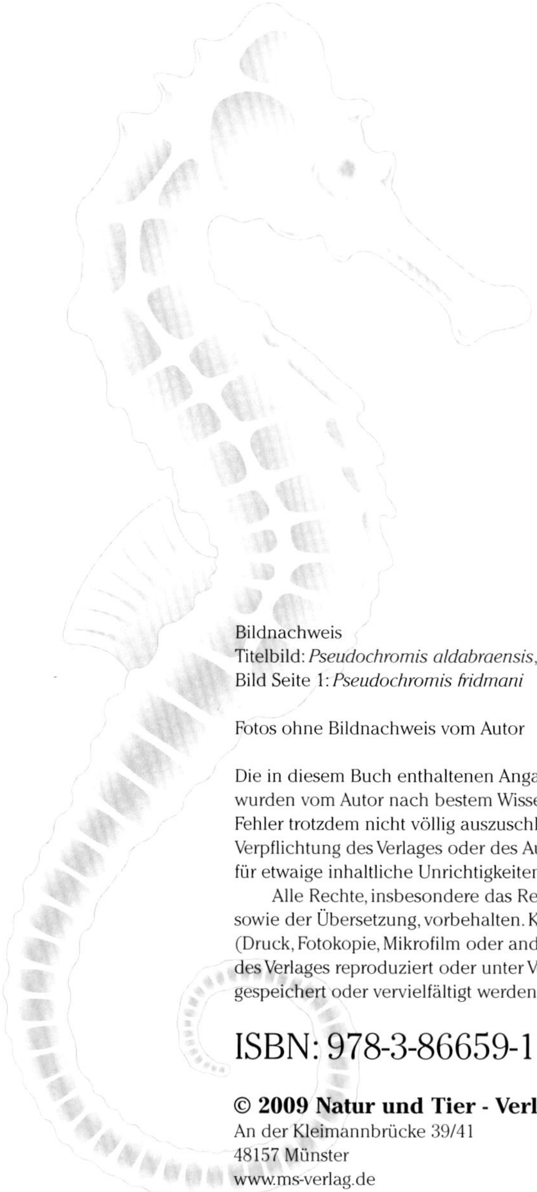

Bildnachweis
Titelbild: *Pseudochromis aldabraensis*, Foto: D. Knop
Bild Seite 1: *Pseudochromis fridmani*

Fotos ohne Bildnachweis vom Autor

ISBN: 978-3-86659-110-3

An der Kleimannbrücke 39/41
48157 Münster
www.ms-verlag.de
Geschäftsführung: Matthias Schmidt
Lektorat: Daniel Knop & Kriton Kunz
Layout: Tanja Denker
Druck: Druckhaus Fromm, Osnabrück

Inhalt

Ein Paar *Pseudochromis fridmani* eilt zur Bruthöhle, und das Weibchen verliert auf dem Weg bereits erste Eier.

Vorwort

Zwergbarsche gehören zu den attraktivsten Fischen, die man im Aquarium halten kann. Sie sind nicht nur schön, sondern entwickeln auch hochinteressantes Verhalten und sind vor allem ausgesprochen schlau. Natürlich erfordert die Aquarienpflege eines jeden Tieres artgerechte Bedingungen, doch gerade die Vertreter der Familie der Zwergbarsche (Pseudochromidae) stellen hier besonders hohe Anforderungen. Dieses Bändchen soll helfen, für diese farbenfrohen Kobolde ein besseres Verständnis zu entwickeln sowie Anregungen zur optimalen Pflege geben. Den einen oder anderen unter meinen Lesern möchte ich auch gern dazu anregen, sich an der Nachzucht zu versuchen, die mit den Anleitungen aus diesem Buch gar nicht so schwierig ist.

Bedanken möchte ich mich an dieser Stelle bei meiner Frau, ohne deren großartige Unterstützung und Hilfe mir die Aquaristik in dieser umfassenden Form ebenso unmöglich wäre wie das Schreiben von Nachzuchtberichten und anderen Manuskripten, bei dem sie mir ebenfalls tatkräftig unter die Arme greift.

Mönchengladbach, im Herbst 2009
Wolfgang Mai

Aquarienpflege

Zwergbarsche passen eigentlich in jedes Riffaquarium. Wichtig für eine problemlose Haltung ist jedoch ein gut strukturiertes Becken. Verschieden angelegte Bruthöhlen in passender Größe sind absolut entscheidend. Die Tiere bilden Reviere, die meist mehrere Höhlen umfassen. Hierhin werden sich die Fische immer wieder kurz zurückziehen. Auch die Nacht verbringen sie gerne darin. Wenn die Höhleneingänge unterschiedliche Größen haben, erleichtert das den Rückzug eines schwächeren Tieres, dem das kräftigere dann nicht überall folgen kann. Das ist besonders wichtig, wenn man unterschiedliche Arten im selben Becken pflegen will. Die schlanken *Pseudochromis fridmani* etwa brauchen ein Einschlupfloch mit einem Durchmesser von lediglich 7–9 mm. Ein ausgewachsener *P. aldabraensis* oder *P. flavivertex* dagegen kann den Höhleneingang erst ab 15–20 mm Durchmesser passieren. Es ist immer wieder verblüffend, wie schnell diese neugierigen Fische eine gerade erst eingebrachte Bruthöhle inspizieren und den Eingang genau „vermessen". Passen Größe und Form und wird die neue Behausung nicht von einem stärkeren Männchen beansprucht, kann man damit rechnen, dass die Höhle sofort bezogen wird und die Tiere dann binnen weniger Tage ein Gelege darin bewachen. Normalerweise wird eine einmal als Bruthöhle angenommene Behausung zwar immer wieder genutzt, aber ein neuer, vielleicht besser geschützter Unterschlupf kann durchaus zum Wechseln anregen. Je nachdem, welche Fangmethode man für eventuelle Fischbruten nutzt, kann eine für den Aquarianer günstiger gelegene Höhle, bei der er mehr Einblickmöglichkeiten hat, von großem Nutzen sein. Aber davon später mehr.

Die Familie der Zwergbarsche umfasst insgesamt 24 Gattungen, und es werden mehr als 140 Arten unterschieden. Meist handelt es sich dabei um sehr auffällige und farbintensive Fische, die aber eine relativ zurückgezogene, um nicht zu sagen, versteckte Lebensweise haben. Deshalb ist es nicht verwunderlich, dass immer noch neue Arten (z. B. im Jahr 2008 *Pictichromis caitlinae*) und sogar Gattungen (im Jahr 2007: *Manonichthys*) entdeckt und beschrieben werden.

Ein kleiner Tipp!
Wenn eine vorgefertigte, komplette Riffkeramikrückwand als Dekoration eingesetzt wird, ist es zum Schutz der neugierigen Pseudochromiden vieler Gattungen wichtig, sie gewissenhaft und so dicht schließend wie möglich einzubauen. Viele Fische suchen immer nach neuen Versteckmöglichkeiten und klemmen dann irgendwann zwischen Dekoration und Rückscheibe fest. Dort verenden sie schließlich unrettbar und meist auch unbemerkt.

Pseudochromis, Cypho und *Pictichromis* zählen zu den aquaristisch beliebtesten Gattungen. Ebenfalls recht bekannt sind *Ogilbyina, Labracinus, Manonichthys* und viele andere, doch diese sind selten bis gar nicht im aquaristischen Fachhandel zu finden. Daher möchte

Pseudochromis fridmani ist für ein Riffaquarium gut geeignet.

Ein gut strukturiertes Riffbecken bietet vielen Korallenfischarten Lebensraum.

ich das Thema dieses Buchs auf die die Gattungen *Pseudochromis* und *Cypho* beschränken, zumal diese erfolgreich nachgezogen werden können.

Der Arten- und Biotopschutz greift bei diesen Gattungen schon recht gut. So wurden z. B. für das Rote Meer schon seit Jahren immer wieder Fangverbote einzelner Arten durchgesetzt, um die Riffe und ihre Bewohner zu schützen. Nachzuchterfolge bei dieser Gruppe gibt es glücklicherweise ebenfalls seit einigen Jahren, und diese sollten den Wildfang eigentlich überflüssig machen. Aus Zuchtfarmen wie auch von privaten Züchtern werden viele Jungfische der beliebtesten Arten aufgezogen und regelmäßig in den Handel gebracht.

Viele Fische kommen aber immer noch als Wildfänge zu uns, weil der Fang offensichtlich billiger ist als die Nachzucht. Zu den am häufigsten angebotenen Zwergbarschen zählen *Pseudochromis fridmani*, *P. splendens*, *P. springeri*, *P. flavivertex*, *P. aldabraensis* und mit Abstrichen auch *P. sankei* und *Cypho purpurascens*.

Pseudochromis springeri
Foto: E. Thaler

Fische aus der Gruppe der Zwergbarsche sind seit den Anfängen der Meerwasseraquaristik als seltene Juwele zwar immer sehr begehrt, zugleich aber wegen ihrer angeblichen Aggressivität gegen andere Aquarienbewohner auch in Verruf gekommen. Der Vorwurf aggressiven Verhaltens stammt jedoch meist von Aquarianern, die Pseudochromiden einzeln pflegen, nicht paarweise, so dass diese bedauernswerten Tiere ihre Verhaltensanlagen nie richtig ausleben können und beinahe zwangsläufig unnatürliche Verhaltenstendenzen entwickeln. Allerdings waren Zwergbarsche bis in die 1990er-Jahre so teuer und tauchten auch so selten im Fachhandel auf, dass sich die meisten Aquarianer tatsächlich kaum mehr als ein Exemplar leisten konnten. Außerdem waren verpaarte Pseudochromiden im Handel eine echte Seltenheit. Erst durch die Nachzuchterfolge von Robert Brons (damals noch in Eilat, Israel) und auch Nachzuchten in Fischfarmen in den USA (z. B. ORA in Florida) wurden diese Fische auch in Europa zahlreicher und günstiger angeboten.

In unzähligen Stunden der Beobachtung von Pseudochromiden in meinen Aquarienanlagen entdeckte ich Verhaltensweisen, die in der ganzen Familie relativ einheitlich sind. Dabei fiel mir auch auf, dass, wie oben erwähnt, die Aggressivität der Zwergbarsche viel mit der Einzelhaltung zu tun hat. Bei der Paarhaltung hingegen zeigten sich diese Tiere als völlig andere Fische, die ganzjährig mit Paarungsritualen und Brutpflege so beschäftigt sind, dass sie weder Zeit noch Lust haben, Aggressionen gegen Mitbewohner zu entwickeln.

Zwergbarsche zählen für mich zu den interessantesten und vielseitigsten Fischen im Aquarium. Pflegt man sie in einem richtig eingerichteten Riffbecken paarweise – bei den Arten *Cypho purpurascens* und *Pseudochromis fridmani* ist auch die Gruppenhaltung möglich –, dann kann ich mir kaum spannendere Aquarienpfleglinge vorstellen.

Ein Exemplar in „Einzelhaft" dagegen kann zu einem waren Monster werden, das sich nicht anders zu beschäftigen weiß, als fortwährend Mitbewohner zu attackieren und sie durchs Becken zu scheuchen. Die Vertreter der Familie Pseudochromidae brauchen also Beschäftigung. Hält man andere Korallenfische nicht artgerecht, etwa, indem man das Aquarium falsch einrichtet, dann wird man meist Verhaltensstereotypien bemerken, z. B. das fortwährende Auf- und Abschwimmen an der Aquarienscheibe. Der Zwergbarsch hingegen „löst" dieses Problem, indem er seine Frustration an seinen Mitbewohnern auslässt, wie groß oder stark die Gegner auch sein mögen. Für „die kurze Attacke zwischendurch" findet ein solcher Zwergbarsch immer einen Weg. Natürlich muss für alle Aquarienfische eine artgerechte Pflege gefordert werden, doch bei den Zwergbarschen werden Defizite ganz besonders schnell durch Aggressionsverhalten offensichtlich.

Zwergbarsche sind sehr fruchtbar. Jahreszeitliche Laichpausen konnte ich bei konstanten Aquarientemperaturen von 26–28 °C nicht feststellen. Das bedeutet also, dass normalerweise alle 5–9 Tage ein neues Gelege produziert wird und natürlich auch alle 5–9 Tage Larven schlüpfen. Andere Korallenfisch-Arten werden, sofern sie nicht unmittelbar vor der Nisthöhle stehen, völlig ignoriert. Ohne eine Brut sind die Paare zwischenzeitlich höchstens für 1–3 Tage, doch in dieser Zeit wird eifrig um den Partner geworben. Nur zu verständlich, dass ein Fisch, dem dieses inhaltsreiche und erfüllte Leben durch eine Einzelhaltung vorenthalten wird, grantig und verbittert wird.

Ein kleiner Tipp!
Der Laichrhythmus liegt bei allen Zwergbarsch-Arten ganzjährig zwischen fünf und neun Tagen. Sollten Sie bei Ihren Fischen längere Laichrhythmen feststellen, stimmt etwas mit der Ernährung der Zuchtpaare nicht.

Unterschiedliche Zwergbarsch-Arten im selben Aquarium?

Ich halte z. B. ein *Pseudochromis-fridmani*-Paar zusammen mit einem *P.-springeri*-Paar ohne Probleme in einem Becken von nur 60 l. Ein oder zwei *P.-fridmani*-Paare können in einem großen Aquarium ab etwa 800 l auch mit einem *P.-aldabraensis*-Paar gemeinsam gepflegt werden.

In diesem Aquarium leben *Pseudochromis fridmani* und *P. springeri* friedlich nebeneinander.

Pseudochromis aldabraensis im Gesellschaftsbecken

Doch es gibt auch problematische Konstellationen – und zwar auch innerartliche. So können selbst in einem Becken von 3.000 l und mehr auf die Dauer keine zwei *P.-aldabraensis*-Paare oder keine zwei *P.-flavivertex*-Paare leben. Auch zwischen *P. aldabraensis*- und *P. flavivertex*-Paaren kann zu Beißereien kommen.

Weiterhin sollte man vermeiden, zu einem eingewöhnten Zwergbarschpaar ein neues Paar derselben oder einer anderen Art setzen. Man sollte also immer alle gewünschten Zwergbarsch-Arten gleichzeitig einsetzen, um Revierkämpfe und das übliche Jagen von Neuankömmlingen zu unterbinden bzw. auf ein Mindestmaß zu beschränken, denn anders als in der Natur können die Tiere im Aquarium nicht in benachbartes Areal flüchten, sondern bestenfalls aus dem Aquarium springen und auf dem Teppich vertrocknen.

Das bringt noch ein weiteres Problem mit sich: Hat man mehrere harmonierende Zuchtpaare in einem Becken und will einen einzigen, verendeten Paar-Partner ersetzen, dann ist dies oft nur möglich, indem man den gesamten Pseudochromiden-Bestand herausfängt und komplett mit neuen Nachzuchttieren beginnt. Andernfalls bekommt man einfach nicht mehr die Ruhe und Harmonie ins Becken, die nötig ist, um Nachzuchterfolgen zu erzielen. Mehrfach musste ich dies schon konsequent durchziehen, aber trotzdem pflege

Pseudochromis-fridmani-Paar

ich meine Zwergbarsche nicht paarweise in Zuchtbecken, sondern mit mehreren Paaren verschiedener Arten in einem Gesellschaftsbecken – ganz einfach, weil ich der Überzeugung bin, dass in einem großen Schaubecken mit mehreren *Pseudochromis*-Arten wesentlich mehr Fischlarven produziert werden als bei der Einzelpaarhaltung in kleinen, abgeschotteten Abteilen. Das könnte z. B. damit zusammenhängen, dass sie bei Nahrungskonkurrenz Futterneid entwickeln und sich durch diese Gier einfach besser ernähren. Voraussetzung ist in einem solchen Gesellschaftsbecken natürlich auch eine kontinuierliche arbeitende Larvenfangeinrichtung (ausführliche Beschreibung siehe S. 56), mit der ich die zu unterschiedlichen Zeitpunkten schlüpfenden Larven einsammeln kann.

Paarbildung

Bei einem Neuanfang ist auch Vorsicht geboten, wenn man zwei getrennt erworbene erwachsene Tiere zusammensetzen möchte. Es wird immer wieder geschrieben, bei allen barschartigen Meerwasserfischen sei eine Geschlechtsumwandlung bzw. -anpassung möglich. Dabei sind wir gleich bei einem weiteren heiß diskutierten Thema, dem so oft angeführten Geschlechtswechsel, der bei Meerwasserfischen durchaus bei einigen wenigen Arten vorkommen kann. Die Aggressivität bzw. Revierdominanz zweier *Pseudochromis-flavivertex-*, *P.-springeri-* oder auch *P.-aldabraensis-*Männchen (durch befruchtete Gelege nachgewiesene Männchen) ist so groß, dass ich es noch nie geschafft habe, von zwei zusammengesetzten Männchen Nachzuchten zu erhalten. Es wandelte sich also nicht etwa eines der beiden Exemplare in ein Weibchen um, sondern das schwächere Individuum wurde über kurz oder lang vom stärkeren getötet. Bei zwei zusammengesetzten Weibchen (durch produzierte Gelege nachgewiesene Weibchen!) erlebte ich ebenfalls noch keine Paarbildung, die auch Nachwuchs produziert hätte.

Das größte Problem bei der Paarbildung von Zwergbarschen ist für uns Aquarianer die bei vielen Arten absolute Farbgleichheit zwischen den Geschlechtern. Wir können also nicht so einfach erkennen, ob wir ein Männchen oder ein Weibchen vor uns haben. Es ist aber meist ein kleiner Unterschied in Körperform und Größe sichtbar: Das Männchen ist nach meiner Erfahrung bei allen erwachsenen Paaren, die von Jugend an zusammen waren, immer das größere Tier. Das Weibchen ist etwas kürzer und wirkt gedrungener. Wenn nicht gerade ein frisches Gelege abgesetzt wurde, ist auch immer eine durch den Laichansatz verdickte hintere Bauchregion zu erkennen.

Beim Zusammensetzen zweier erwachsener Tiere kann es natürlich vorkommen, dass wir ein großes, kräftiges Weibchen vor uns haben, es darum für ein Männchen halten und ein kleines, schmächtiges Exemplar dazusetzen wollen, das – der Erkenntnis aus dem vorigen Absatz folgend – ja ein Weibchen sein müsste, tatsächlich aber ein Männchen ist.

Pseudochromis-springeri-Paar

Pseudochromis-aldabraensis-Paar vor der Bruthöhle

So weit nicht schlimm, sollte man meinen; es handelt sich ja auf jeden Fall um ein Paar. Leider wird das schwächere Männchen aber meist vom Weibchen unterdrückt und kann bzw. darf sein Paarungsritual nicht ausführen. Das Weibchen erwartet vom Männchen einfach eine gewisse Dominanz. Einem kräftigeren Männchen ordnet sich das Weibchen gern unter und lässt sich dann auch vieles gefallen. Ist diese natürliche Dominanz- oder Rangordnung wegen eines schwächelnden Partners nicht vorhanden oder gar umgekehrt, dann wird eine Nachzucht nicht gelingen, sondern bestenfalls das Männchen durchs Becken gejagt, um einem dominanteren Partner Platz zu schaffen. Ich würde darum immer den sicheren Weg über zwei gleich alte, aber unterschiedlich große Nachzuchttiere wählen, denn dann hat man mit ziemlicher Sicherheit später ein harmonierendes Paar.

Allerdings gibt es auch Geschlechtsmerkmale, die fast immer Aussagekraft besitzen. Das oft zitierte „Schwert" im unteren Teil der Schwanzflosse eines *Pseudochromis-fridmani*-Männchens ist meist vorhanden, wenngleich nicht immer! Es gibt Männchen ohne dieses Merkmal, und andererseits zeigen auch Weibchen manchmal einen kleinen Schwertansatz. Da haben wir es bei *Cypho purpurascens* leichter, denn hier ist das purpurrote Männchen deutlich vom olivfarbenen

Ein Pärchen *Pseudochromis springeri*, im Hintergrund seine Bruthöhle

Weibchen zu unterscheiden. Aus einer noch nicht geschlechtsreifen, rosafarbenen Dreier-Junggruppe von *C. purpurascens* z. B. bildeten sich nach fünf Monaten ein Männchen und ein Weibchen heraus. Das dritte Tier färbte sich zunächst von Rosa etwas nach Olivgrün um, blieb dann aber über mehrere Monate in dieser etwas schmutzig wirkenden „Rosa-Oliv-Farbe" stecken. Es wurde vom heranwachsenden Paar nicht weiter beachtet. Erst, als sich bei diesem dritten Tier mehr und mehr die „richtige" Weibchenfärbung zeigte, wurden Revierkämpfe zwischen den Weibchen ausgetragen. Nach einigen Wochen kam es dann aber zwischen den Weibchen zu einer Art Burgfrieden.

Die Frage ist, ob das dritte Tier auch ein Männchen hätte werden können, was sicherlich einen heftigen und wahrscheinlich tödlichen Kampf ausgelöst hätte. So lebt nun das Männchen mit einem kleinen Zweier-Harem in einem Aquarium zusammen. Eine Umwandlung eines einmal festgelegten Geschlechts konnte ich bei *C. purpurascens* – und hier wäre es wegen der Farbveränderung direkt erkennbar – nicht feststellen.

Ähnliches vermute ich auch für alle anderen Zwergbarsch-Arten, denn auch bei meinen anderen *Pseudochromis*-Arten kann ich nach langjähriger Nachzuchterfahrung sagen, dass eine Paarbildung meist gelingt, wenn man zwei Jungtiere zusammensetzt, vor allem dann, wenn direkt ein kleiner Größenunterschied vorhanden ist. Gleich alte kleinere Tiere sind meist Weibchen. Aber eine Geschlechtsumwandlung eines einmal zum Männchen oder Weibchen festgelegten Individuums kam bei mir nie vor.

Wer anderes weiß, möge es durch Nachzuchten belegen und vor allem dann auch in Fachzeitschriften veröffentlichen. Die jugendzwitterhafte Abwartestellung oder auch eine „Weibchentarnfarbe" bei unterdrückten Jungmännchen sehe ich dabei nicht als Hinweis auf eine Geschlechtsumwandlung. In freier Wildbahn gemachte Beobachtungen, die einen Geschlechtswechsel dokumentieren, halte ich ebenfalls für fragwürdig. Im Meer z. B. in einem Harem von mehreren Tieren gezielt zu beobachten und über einen längeren Zeitraum die Entwicklung zu verfolgen, ist fast unmöglich. Viel zu leicht können

Pictichromis-paccagnellae-
Paar beim Höhlenzeigen
Foto: E. Thaler

fremde Tiere unbemerkt zuwandern, oder es kann sich ein in „Weibchentarnfarbe“ befindliches Jungmännchen in kürzester Zeit zum dominierenden Männchen und vollwertigen Geschlechtspartner entwickeln, wenn der Harems-Chef verendet ist oder gefressen wurde. Die Entwicklung vom Jungmännchen zum Harems-Chef ist nach meinen Beobachtungen im Aquarium innerhalb weniger Tage möglich. Eine Rückentwicklung vom Weibchen zum befruchtungsfähigen Männchen, die ich im Aquarium, wie gesagt, noch nie erlebt habe, könnte wohl kaum schneller abgeschlossen sein, und welchen Sinn würde eine solche Umwandlung ergeben? Die längere Phase ohne Nachkommen wäre für den Harem naturgemäß ein großer Nachteil.

Das Zusammensetzen von Nachzuchten zur Paarbildung hat sehr große Erfolgsaussichten. Schon deshalb würde ich Nachzuchten den Wildfängen immer vorziehen. Abgesehen davon kann ich immer wieder feststellen, dass Nachzuchten weniger aggressiv sind und leichter zusammengebracht werden können. Dass dies mit der mehrere Monate dauernden relativen Massenhaltung in den Aufzuchtbecken zusammenhängt, kann ich nur vermuten. Tatsache ist jedenfalls, dass eine so enge Vergesellschaftung von Vertretern derselben Art in der Natur nie vorkommt.

Pflegeleichte Zwergbarsch-Arten

Cypho purpurascens

Beim Purpurroten Zwergbarsch trägt nur das Männchen das namensgebende rote Gewand. Wenn man genauer hinsieht, erkennt man allerdings noch erheblich mehr Farben. So ist jede einzelne Schuppe an Rücken und Flanken blau gesäumt, und der Bauch schimmert silbrig grau. Das Weibchen trägt ein schlichtes grüngraues Farbkleid, doch in Erregung und Paarungsstimmung bekommt es einen roten Bauch, und das hintere Drittel wird gelblich. Die Farbkombination ist zwar immer noch als schlicht zu bezeichnen, aber die Dreiteilung – vorn olivgrün, in der Mitte rötlich und hinten gelblich – ist schön anzusehen.

Männchen und Weibchen sind etwa gleich groß und erreichen eine Länge von etwa 8 cm. Anderen Fischarten gegenüber ist dieser Zwergbarsch völlig harmlos, nur mit ähnlich aussehenden *Pseudochromis*-Arten kommt es u. U. zu Auseinandersetzungen. Ansonsten leben diese Fische ziemlich versteckt. Sie benötigen ein besonders reich strukturiertes Becken mit vielen Versteckmöglichkeiten und vertragen keine harte Futterkonkurrenz. Alle Frost- und Trockenfuttersorten werden angenommen.

Cypho purpurascens, Männchen

Das *Cypho-purpurascens*-Weibchen ist zum Schutz vor dem Männchen in eine Kupferanemone (*Entacmaea quadricolor*) geflüchtet.

Ich habe allerdings noch keine Art von Korallenfischen gepflegt, bei der die Paar-Partner untereinander eine so ausgeprägte Aggressivität gezeigt hätten, wie beim Purpurroten Zwergbarsch. Die Aggression geht aber zum größten Teil vom Männchen aus. Dem Weibchen müssen gute Verstecke zur Verfügung stehen, um die ständigen Angriffe zu überstehen. Ein von mir gepflegtes Wildfang-Weibchen flüchtet sogar oft zwischen die stark nesselnden Tentakel der vorhandenen Kupferanemonen (*Entacmaea quadricolor*). Erstaunlicherweise wurde das Weibchen nie vernesselt und kann sich zwischen den Tentakeln absolut frei bewegen.

Während der häufigen und intensiven Brutpflegearbeit, bei der das Männchen die Bruthöhle nur selten verlässt, kann sich das Weibchen etwas freier bewegen und erholen – immerhin fünf von sieben Tagen pro Woche. Es schwimmt dann nach Möglichkeit nur an diejenigen Stellen des Aquariums, an denen es vom Männchen nicht leicht zu sehen ist. Das sollte beim Füttern beachtet werden, denn sobald man an einer Stelle füttert, die vom Männchen in seiner Bruthöhle gut einsehbar ist, wird das Weibchen nicht in Ruhe fressen können. Ebenfalls unverzichtbar sind ausreichende Versteckmöglichkeiten. Die ständigen Attacken können sich zwar nach etwa einem Jahr zwar legen, doch vorsichtig wird das Weibchen dann noch immer sein.

Pseudochromis aldabraensis
Foto: E. Thaler

Pseudochromis aldabraensis

Diese Art gehört für mich zu den schönsten Zwergbarschen. Die Grundfarbe des Körpers ist ein leuchtendes Rotorange, und ein blau irisierender Streifen läuft von der Maulspitze über den Rücken bis zum Schwanzende. Ein zweiter Blaustreifen zieht vom Maul unter dem Auge entlang bis auf den Kiemendeckel. Die Rückenflosse ist dunkelblau, mit einem fluoreszierenden hellblauen Saum und vielen leuchtend hellblauen Punkten, die bei aufgerichteter Rückenflosse besonders auffallen. Auch die After- und Schwanzflosse haben einen leuchtend blauen Saum. Dieser Zwergbarsch erreicht eine Länge von 10–12 cm, das Weibchen bleibt meist etwas kleiner.

Der ähnlich aussehende *P. dutoiti* ist meiner Einschätzung nach eine Standortvariante derselben Art, die unter etwas veränderten Lebensbedingungen schlankere Tiere mit weniger schönen Farben hervorbringt. Die Grundfarbe ist dann ein schmutzig wirkendes Dunkelorange, und die Tatsache, dass bei Nachzuchten von *P. aldabraensis*, die kein optimales Futter bekommen hatten, genau diese Farbvariante erschien, bestärkt mich in meiner Ansicht.

Pseudochromis aldabraensis ist ebenso gut zu pflegen wie *Cypho*. Die Aggressivität zwischen den Geschlechtern ist außerdem wesentlich schwächer ausgeprägt als bei Letzterem. In großen, gut strukturierten Aquarien ab 2.000 l kann *P. aldabraensis* auch mit verschiedenen anderen Zwergbarscharten zusammen gehalten werden. Bei *P.-flavivertex*-Wildfängen ist hier allerdings etwas Vorsicht geboten, denn diese brauchen offenbar wesentlich größere Reviere als

Pseudochromis aldabraensis, oben das Männchen, und unten das ablaichbereite Weibchen, kenntlich am runden Bauch

Nachzuchten, so dass es dann zwischen den etwa gleich starken *P. aldabraensis* und *P. flavivertex* schnell zu ernsthaften Auseinandersetzungen kommen kann.

Pseudochromis flavivertex, Jungmännchen

Pseudochromis flavivertex

Von dieser Art existieren unterschiedliche Farbvarianten. Die Grundfarbe ist gelblich, auf dem Rücken zeigt sich ein mehr oder weniger breiter, intensiver Gelbstreifen. An den Flanken befindet sich ein blaugrauer Streifen, der bis in die Schwanzwurzel reicht.

Je nachdem, woher die Tiere importiert wurden, ist der blaugraue Streifen unterschiedlich intensiv gefärbt und unterschiedlich breit. Bei den schönsten Exemplaren ist die gesamte Flanke leuchtend blaugrau, und nur noch auf dem Rücken sieht man beiderseits der Rückenflosse einen intensiv leuchtend gelben Streifen. *Pseudochromis flavivertex* wird 10–12 cm lang.

Pseudochromis flavivertex, Paar und Einzeltier (großes Bild)
2 Fotos: E. Thaler

Pseudochromis springeri

Pseudochromis springeri, Männchen

Pseudochromis springeri lebt hier mit Seepferdchen und Seenadeln.

Pseudochromis springeri

Auf dunkelblauem bis schwarzem Grund trägt diese Art einen hellblauen, irisierenden Streifen, der von der Maulspitze bis in die Rückenflosse reicht. Ähnlich wie bei *Pseudochromis aldabraensis* verläuft ein zweiter Streifen von der Maulspitze unter dem Auge entlang bis auf den Kiemendeckel.

Dieser Zwergbarsch gehört zu den kleineren Arten und wird nur 6–8 cm lang. Er ist relativ friedlich und lässt sich sehr gut mit *P. fridmani vergesellschaften.*

Pseudochromis fridmani

Der Name dieses hübschen Zwergbarsches leitet sich zwar von seinem israelischen Namenspatron Fridman her, doch man könnte den Artnamen ebenso „Friedmann“ buchstabieren, so friedvoll ist dieser Fisch.

In größeren Aquarien – z. B. oberhalb von 600 l – kann dieser Pseudochromide durchaus in Gruppen von 5–8 Exemplaren gehalten werden und bleibt friedlich, sowohl gegenüber Artgenossen als auch in Bezug auf andere Beckenbewohner. Natürlich beanspruchen die Haremsmännchen eine gewisse Reviergröße. Die Ansprüche an eine Strukturierung des Beckens sind mit denen anderer Pseudochromidae-Arten gleichzusetzen, und bei einer größeren Gruppe müssen natürlich wesentlich mehr Höhlen und Verstecke angeboten werden.

Pseudochromis fridmani, Männchen

Pseudochromis fridmani, Weibchen

Pseudochromis fridmani, Männchen mit Schwert am Schwanz, oft ein geschlechtstypisches Merkmal

Pseudochromis fridmani, Weibchen mit Schwertansatz am Schwanz; dieses Merkmal erlaubt also nicht immer eine sichere Geschlechterunterscheidung.

Pseudochromis aldabraensis bewacht in seiner Bruthöhle ein Gelege.

Nachzucht

Zwergbarsche zählen zu den Höhlenbrütern. Das Männchen sucht sich eine passende Bruthöhle aus und versucht dann, das Weibchen hineinzulocken. Dabei bewegt es sich angriffsgleich auf das Weibchen zu, dreht aber kurz vor ihm ab, um dann genauso schnell wieder im Höhleneingang zu verschwinden. Manchmal schwimmt das Männchen auch parallel neben dem Weibchen her, bevor es ihm dann den Weg zur Höhle zeigt. Dieses Ritual wiederholt sich in kurzen Abständen, bis das Weibchen bereit ist, dem Männchen zu folgen.

Ein paar Tage später, nach ausgiebiger Inspektion der Bruthöhle, wird ein 500–2.500 Eier umfassendes Gelege in der Höhle deponiert. Laichhöhlen ab 10 cm Länge und 30–40 mm Durchmesser werden bevorzugt, doch ein kleiner, längs halbierter Blumentopf wird meist auch angenommen. Die Bruthöhlen können in jeder Wasserhöhe eingebaut werden, denn vom Beckenboden bis direkt unter die Wasseroberfläche wird jeder passende Unterschlupf akzeptiert.

Wenn man die Larven mit einer eingehängten Larvenfalle fangen oder gar mit einer kleinen Punktbeleuchtung nachts anlocken und selbst absaugen will, ist es natürlich wichtig, dass die Höhle gut

Bruthöhle aus Keramik, vom Beobachtungsende her (große Öffnung) und vom Eingang her betrachtet (kleines Schlupfloch)

Gelege von *Pseudochromis aldabraensis*

einsehbar bzw. leicht zu kontrollieren ist, damit ein neues Gelege sofort erkannt wird. Nur dann kann ich den Schlupfzeitpunkt bestimmen und sitze nicht vergebens die halbe Nacht vor dem Aquarium. Darum bevorzuge ich selbst gebaute Tonröhren mit einem kleinen, der jeweiligen Art angepassten Eingangsloch und einem großen, plan geschnittenen Ende, das ich gegen die Front- oder Seitenscheibe legen kann. Normalerweise wird das offene Ende mit einem Stück schwarzer, lichtundurchlässiger Pappe abgedeckt, aber durch das Anheben dieses „Deckels“ kann ich jederzeit in diese Bruthöhle hineinsehen und das Gelege inspizieren.

Bei *Cypho purpurascens* ist der Ablaichrhythmus extrem kurz. Im Normalfall wird alle 5–6 Tage ein neues Gelege abgesetzt. Es kommt oft vor, dass nach dem Larvenschlupf bereits am nächsten Morgen ein neues Gelege produziert wird. Bei meinem Zuchtpaar waren die Gelege in den ersten Monaten relativ klein und erreichten rund 100 bis maximal 250 Eier. Das führte ich zunächst auf den kürzeren Laichrhythmus zurück. Andere *Pseudochromis*-Arten haben meist einen Laichrhythmus von 7–8 Tagen und produzieren 2.000–5.000 Eier. In der Zwischenzeit sind die Gelegegrößen auch bei meinen *Cypho purpurascens* auf 500–800 Eier gestiegen. Ich denke, dass hier das Alter des Zuchtpaares und Verbesserungen bei der Ernährung eine Rolle gespielt haben.

Die Larven schlüpfen bei allen Zwergbarschen bei 26–28 °C in der Nacht vom 4. auf den 5. Tag, jeweils nach Abschalten der Beleuchtung. Manchmal geschieht dies sogar direkt nach dem Ausschalten, meist aber erst mitten in der Nacht, in einigen Fällen auch erst in der Morgendämmerung. Vor allem beim *Pseudochromis springeri* konnte ich feststellen, dass der Schlupf erst morgens nach dem Einschalten der Beleuchtung erfolgt, und in einem solchen Fall müsste man natürlich das Hauptlicht wieder abschalten, um die Larven mit einer Punktbeleuchtung an eine bestimmte Stelle locken zu können. Wegen dieses nicht ganz genau festlegbaren Schlupfzeitpunktes fängt man *Pseudochromis*-Larven am besten mit einer Larvenfalle mit kleiner Pumpe und schwacher Punktbeleuchtung, denn ohne eine solche Falle sitzt man unter Umständen die ganze Nacht auf Nachwuchs seiner Fische wartend vor dem Aquarium. Immerhin verschiebt sich der Schlupfzeitpunkt um einen ganzen Tag, wenn die Temperatur auch nur kurzeitig unter 26 °C fällt.

Die Larven sind stark fototrop, schwimmen also über einen längeren Zeitraum – mitunter die ganze Nacht über – im Lichtkegel einer kleinen Punktbeleuchtung, anders als z. B. *Amphiprion*-Larven, die wesentlich schneller zu ermüden scheinen und nur über einen kurzen Zeitraum von 30–60 Minuten diesen extremen Drang zum Licht zeigen. Die Larven der Zwergbarsche sind auch wesentlich robuster als die der Anemonenfische. Sie tolerieren sogar anstandslos, mehrere Stunden lang in einer strömungsreichen Larvenfalle umhergewirbelt zu werden, was für die Larven anderer Fischarten nicht ohne weiteres gilt. Ich nehme die über Nacht eingefangenen Larven grundsätzlich erst am Morgen aus den Fallen, ohne deswegen jemals Ausfälle wegen Verletzungen zu haben.

Das beste Mittel, um Fischlarven gleich welcher Art einzufangen, ist also eine kontinuierlich einsetzbare Larvenfangeinrichtung (Mai 2008). Beim Bau meiner neuen Schau- und Nachzuchtanlage wurden drei solcher Auffangkästen gleich mit eingeplant, so dass man sie leicht in die modifizierten Ablaufschächte einsetzen kann. Aus diesen Fangeinrichtungen kann ich jeden Morgen die unterschiedlichsten Fischlarven entnehmen und in die diversen Aufzuchtbecken überführen.

Ich setze neue Fischlarven zunächst mit 5–8 l Aquarienwasser in 25 l fassende Larvenbecken. Dann lasse ich *Nannochloropsis* und

Planktonbecken für *Nannochloropsis*-Phytoplankter und Planktonreaktoren

Isochrysis im Verhältnis 10 : 1 als Phytoplankton eintropfen, bis eine Sichttiefe von 20–30 cm erreicht ist. Der Wasserstand im Larvenbecken liegt zunächst bei 8–10 cm. In den nächsten Tagen werden dann weiteres Frischwasser und Phytoplankton dazugegeben, bis das Aufzuchtbecken ganz gefüllt ist.

Das Aufzuchtbecken wird über einen dünnen Luftschlauch (ohne Ausströmerstein) mit grob perlenden Luftblasen belüftet. Dabei dienen die groben Blasen nicht zum direkten Gasaustausch, sondern mehr zur Erzeugung einer kontinuierlichen leichten Strömung.

Der Laichzyklus und die Larvenentwicklung sind naturgemäß stark temperaturabhängig. Sinkt die Aquarientemperatur auch nur zeitweise, etwa durch eine Nachtabsenkung, unter 25 °C, verlängert sich der Laichzyklus auf bis zu 16 Tage. Die Larven schlüpfen dann, wie erwähnt, auch erst einen Tag später, also vom 5. auf den 6. Tag, und sind weniger agil.

Pseudochromis-aldabraensis-Larven im Alter von 24 Stunden

Beleuchtung der Aufzuchtaquarien

Meine Aufzuchtbecken werden 14–16 Stunden pro Tag ganz normal von oben mit Leuchtstoffröhren beleuchtet. Bei richtiger Phytoplanktondichte, die nur bei entsprechender Beleuchtungsstärke erhalten werden kann, schwimmen die Larven frei durchs Wasser und können ihre ebenfalls frei im Wasser treibenden *Brachionus*-Beutetiere (siehe unten) in aller Ruhe anvisieren und fressen. In zu klarem Wasser dagegen wird man immer beobachten können, dass die Larven wie in Panik fortwährend mit dem Kopf gegen die Außenscheiben stoßen und dadurch sehr gestresst sind. Die meisten werden das nicht lange durchstehen. Normalerweise überlebt in klarem Wasser keine der Larven! Es ist immer wieder – vor allem in Internet-Foren – zu lesen und wird dort ernsthaft empfohlen, die Larven durch Abdecken der Aquarienscheiben mit schwarzer Pappe und eine entsprechende Punktbeleuchtung zu beruhigen und in der Beckenmitte zu konzentrieren. In den Anfängen meiner Nachzuchtbemühungen habe ich das natürlich auch probiert. Solche Maßnahmen können das Phytoplankton aber nicht ersetzen, und zufriedenstellende Zuchtergebnisse kann man auf diesem Weg nicht erreichen.

Die Ursache der Panikreaktionen ist offensichtlich noch unbekannt. In der Natur steht keine derart große Phytoplanktondichte zur Verfügung; die Fischlarven können sich also offensichtlich auch in klarem Wasser des Ozeans orientieren und finden dort das richtige Zooplankton in fressbarer Größe. Man kann aber die natürliche Umgebung nicht mit unseren Aquarienbedingungen vergleichen, wie ja auch an diversen Korallen deutlich wird, die im Aquarium deutlich stärkeres Wachstum zeigen als im Meer, etwa, weil durch übertriebene Zufuhr mineralischer Elemente wie Kalzium ein Milieu erzeugt wird, das in der Natur niemals anzutreffen ist.

Uns fehlen eben die richtigen, natürlichen Beutetiere, denn *Brachionus* und Artemien gehören nicht wirklich zum Nahrungsspektrum unserer Fischlarven, sondern Copepoden und Mysiiden. Abgesehen davon wird im Meer nur ein extrem geringer Prozentsatz an Larven überleben und heranwachsen, doch wir möchten ja möglichst viele Fische aufziehen. Also müssen wir nach anderen Möglichkeiten suchen, auch wenn diese von den natürlichen Bedingungen stark abweichen. Dazu gehört eben auch das übertrieben eingesetzte Phytoplankton.

Larvenaufzucht

Brachionus als Erstfutter

Tote Nahrung, ob als Frostfutter oder in Pulverform, übt auf die Larven keinerlei Beutereiz aus und wird deshalb nicht als Nahrung erkannt. Als Larvenfutter kommen zunächst nur angereicherte *Brachionus* in Frage. Artemien sind in den ersten Lebenstagen der Fischlarven noch zu groß. Copepoden – vor allem frei schwimmende – wird man nicht in der notwendigen Menge züchten können. *Brachionus* als solche gehören zwar nur zu einem geringen Teil zum natürlichen Nahrungs-

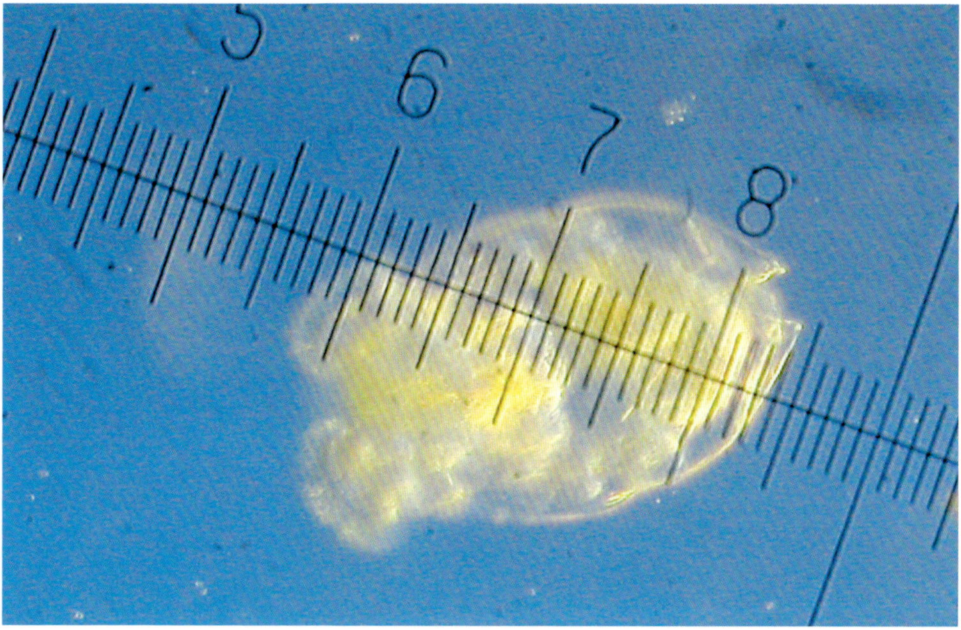

Rädertierchen *Brachionus plicatilis* unter dem Mikroskop

spektrum der Fischlarven, doch sie bieten uns eine Möglichkeit, Energie und Nährstoffen in die Larven hinein zu bekommen, wenn wir sie ihrerseits vorher mit den für unsere Larven notwendigen Futterstoffen versorgen. Die *Brachionus* dienen dann gewissermaßen als „Transportmittel" für die Nährstoffe.

Ohne eine Anreicherung ist *Brachionus* nicht sonderlich energiereich, so dass unsere Fischlarven trotz ausreichender *Brachionus*-Aufnahme einfach verhungern würden – ihr Energiegewinn durch den Verzehr ist kleiner als die Energieinvestition in Fang und Verdauungstätigkeit. Nur ein Larvenfutter, das im Nährstoffgehalt der natürlichen Nahrung ähnelt, löst dieses Problem. Fehlen notwendige Proteine oder ist der Gehalt der Omega-3-Fettsäuren DHA und EHA nicht ausreichend, wird das bei den Fischlarven Stressreaktionen und Panikattacken auslösen.

Am Nachmittag des ersten Tages reiche ich gut angereicherte und auf unter 140 µm ausgesiebte *Brachionus*. Die ausgewachsenen größeren *Brachionus*, die im 140-µm-Sieb verbleiben, gebe ich erst ab dem 3. Tag. Nicht gefressene Rädertierchen sollten wenigstens einmal am Tag über eine Absaugvorrichtung mit Planktonauffangsieb wieder entfernt werden. Durch Absaugen des Bodens und der Seitenscheiben kann man sehr viele vitalstoffarme *Brachionus* austragen. Hungrige *Brachionus* halten sich bevorzugt an den Seitenscheiben

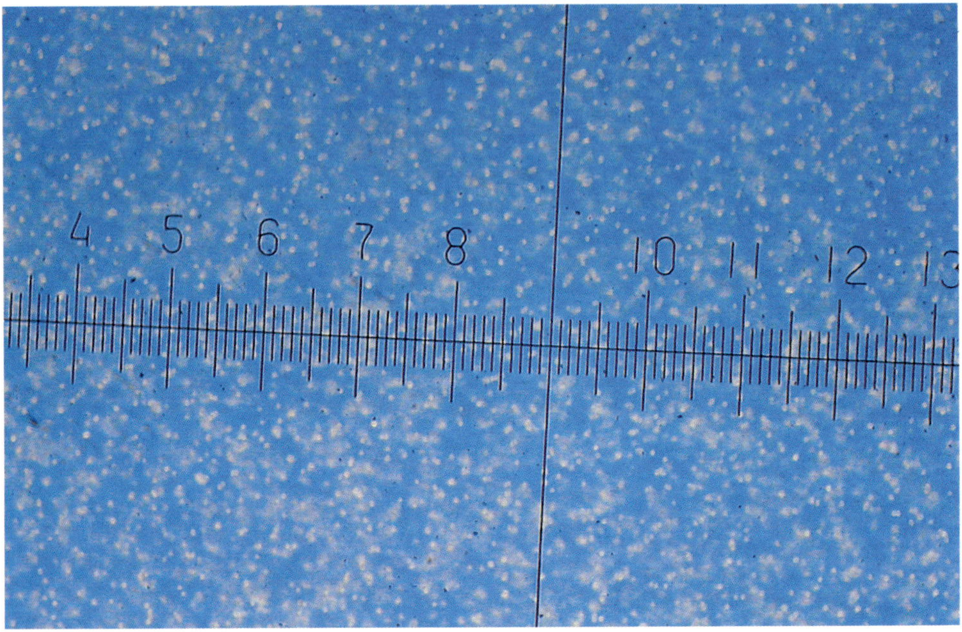

Nannochloropsis-Alge

und der Wasseroberfläche auf. An der Wasseroberfläche treibende hungrige *Brachionus* kann man durch kurzes Auflegen eines Löschblattes oder eines saugfähigen Küchentuchs zum größten Teil aus dem Aquarium nehmen. Auf diese Weise entfernte *Brachionus* sind zwar verloren und können nicht mehr neu angereichert werden, aber sie werden dann wenigstens nicht gefressen. Die Fischlarven unterscheiden nicht nach nahrhaften und wertlosen Beutetieren.

Die Larven von *Cypho purpurascens* halten sich übrigens fast ausschließlich direkt über dem Boden auf, was das tägliche Absaugen des Bodens ungemein erschwert. Allerdings finden sie hier das nahrhaftere Zooplankton. Larven der *Pseudochromis*-Arten schwimmen stattdessen in allen Wasserschichten, häufig sogar direkt unter der Wasseroberfläche, wo sie die ausgezehrten *Brachionus*-Plankter finden. In diesen Fällen ist die regelmäßige Zufuhr frisch angereicherter Futterorganismen also besonders wichtig.

Kultivierung von *Brachionus*

Brachionus kann im kleinen Aquarium von 15–35 l Inhalt kultiviert werden, mit leichter Belüftung, die nur der Wasserzirkulation dient. Dazu benötigt man einen Zuchtansatz, den viele Meerwassergeschäfte vorrätig haben und preiswert anbieten. Diesen Zuchtansatz gießt man in das kleine Aquarium und prüft den Salzgehalt. Das ist wichtig, weil

Isochrysis-Alge

Brachionus-Rädertierchen keine schnellen Veränderungen im Salzgehalt vertragen. Dann schüttet man nach Angleichen des Salzgehaltes langsam 5–10 l Aquarienwasser hinzu. *Brachionus* kultiviert man am besten bei einer Salzdichte von 1.016–1.018 g/l spezif. Gew. Dann besteht auch noch etwas Flexibilität in Bezug auf einen Dichteanstieg, denn das Kulturwasser verdunstet relativ schnell, was die Salzdichte natürlich ansteigen lässt. Bei einer Dichte von 1.026–1.028 g/l stellt *Brachionus* die Vermehrung ein, und bei weiterem Ansteigen des Salzgehaltes würde die Kultur absterben.

Gefüttert wird *Brachionus* am einfachsten mit dem ohnehin notwendigen und hoffentlich schon vorhandenen Phytoplankton. Theoretisch könnte *Brachionus* auch mit frischer Bäckerhefe ernährt werden, doch davon kann ich nur abraten, denn einerseits sind mit Hefe gefütterte *Brachionus* wegen der fehlenden Omega-3-Fettsäuren nicht zum Ernähren der Fischlarven geeignet, und zum anderen wird oft die Hefe-Fütterung der *Brachionus*-Kultur zu reichlich vorgenommen, wodurch sie schnell verendet. Besser geeignet ist die Versorgung mit einer selbst hergestellten Mixtur oder dem Fertigprodukt „Selco 3000" oder „Culture Selco plus". Damit wird *Brachionus* optimal versorgt, sogar ohne das Zugeben von Phytoplankton. Aber natürlich ist auch hier eine knappe Fütterung von Vorteil, sonst können sich leicht Bakterien einschleichen und die gesamte Kultur unbrauchbar machen.

Verwendet man stattdessen nur Phytoplankton (*Nannochloropsis* und *Isochrysis*), um seine *Brachionus*-Kultur zu ernähren, besteht eigentlich nie die Gefahr des Überfütterns.

Die Kultur wird mit Algen oder den erwähnten anderen Produkten gefüttert, sobald das Wasser klar wird. Das bedeutet, solange noch Futter vorhanden ist – was man an einer mehr oder weniger starken Trübung erkennt –, sollen weder Futter noch Algen hinzugegeben werden. Bereits nach wenigen Tagen hat sich *Brachionus* normalerweise so stark vermehrt, dass man mit dem Füttern kaum noch nachkommt. Spätestens dann ist der Zeitpunkt gekommen, Rädertierchen abzuernten und etwa die Hälfte bis drei Viertel der *Brachionus* mit dem Wasser abzusaugen. Das ist auch dann nötig, wenn man gar keine Rädertierchen zum Verfüttern benötigt. Die Kultur wird dann wieder mit frischem Wasser aus dem Aquarium aufgefüllt. Einmal wöchentlich sollte mit einem Mikroskop kontrolliert werden, ob *Euplotes* eingeschleppt wurde, denn dies ist immer ein Zeichen für eine bakterielle Verseuchung. Ist das der Fall, bleibt nur ein rigoroses Ausfiltern mit einem Planktonsieb (140 µm). Dabei werden nur die größten *Brachionus* im Sieb verbleiben, mit denen man dann eine neue, relativ saubere Kultur aufbauen kann. Bakterien, *Euplotes*, aber leider auch viele kleine *Brachionus* werden durch das Sieb schlüpfen und müssen vernichtet werden.

Entwicklung der Larven

Ab dem vierten Lebenstag der Fischlarven gebe ich auch schon frisch geschlüpfte Artemianauplien bester Qualität zu den *Brachionus* dazu. Bei den etwas kleineren *Pseudochromis-fridmani-* und *P.-springeri-*Larven wartet man damit besser bis zum sechsten Tag.

Nach 8–10 Tagen kann man schon angereicherte ältere Artemien verfüttern und die *Brachionus*-Fütterung einstellen. Das erleichtert auch die Aufrechterhaltung der notwendigen Phytoplanktondichte im Aufzuchtbecken. Bei richtiger Ernährung setzt die Metamorphose nach 23–28 Tagen ein. Dabei verändert sich nicht nur die durchscheinend blasse Larvenfärbung langsam in Richtung Erwachsenenfarbe, sondern es verändert sich auch das Schwimmverhalten.

Junge *Pseudochromis aldabraensis*, zwei Tage alt, mit gut gefülltem Bauch

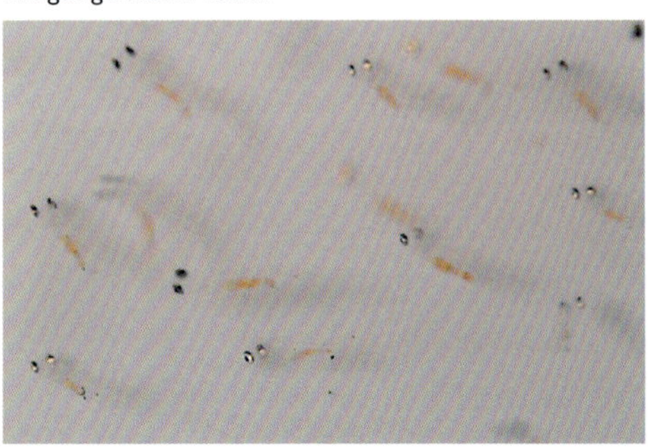

Ab jetzt können die Jungfische in ein gefiltertes Aufzuchtaquarium überführt werden. Die Jungfische suchen dann nach Verstecken, schwimmen meist nur noch knapp über dem Boden und halten sich meist in den Aquarienecken auf. Um Rivalität zwischen

Pseudochromis flavivertex, einen Tag alt

den Jungfischen zu vermeiden, haben wir nun zwei Möglichkeiten: Entweder wir schaffen so viele Verstecke, dass für jeden etwas dabei ist und kein Streit entsteht – etwa durch kurze PVC-Rohrstücke, die in das Becken gelegt werden –, oder man bietet keinem der Fische ein Versteck, hat also ein völlig dekorationsfreies Aufzuchtbecken. Beides sind Möglichkeiten, die Aggressivität untereinander in Grenzen zu halten. Ganz ohne Verstecke fühlen sich die Tiere zwar nicht so wohl, es erleichtert aber die Reinigungsarbeiten. Wenn man nur halbherzig vorgeht und zu wenige Verstecke vorhanden sind, entbrennt ein dauernder Kampf, und die Jungfische sind sehr gestresst.

Futterzusammensetzung für Larven und Jungfische

Viele Zwergbarschlarven verenden in der Umfärbungsphase oder wechseln sehr spät zur Erwachsenenfärbung. Unter schlechten Bedingungen kann Letzteres sogar 40–60 Tage dauern. Nach meiner persönlichen Erfahrung hängt dies ausschließlich mit der Nahrungs-

Junge *Pseudochromis flavivertex*, 20 Tage alt

zusammensetzung und der Phytoplanktondichte zusammen. Die Jungfische sollten auf jeden Fall so lange im Phytoplankton verbleiben, bis sie vollkommen ausgefärbt sind, sonst ist es unwahrscheinlich, dass sie jemals die leuchtenden Farben der Alttiere erreichen.

Ohne Phytoplankton funktioniert keine Zwergbarschaufzucht. Dabei dienen die Mikroalgen neben der Wasserstabilisierung auch der Grundversorgung für nicht sofort gefressene *Brachionus* und Artemien, die sich von den Algen ernähren können. So fressen die Fischlarven wenigstens nicht völlig „leere" Zooplankter. Besser ist natürlich das tägliche, regelmäßige Abfiltern der wertlosen *Brachionus* und Artemien.

Pseudochromis aldabraensis, kurz vor der Umfärbung

Die Futterorganismen *Brachionus* und später Artemien müssen mit nahrhaften Futterstoffen angereichert werden. Proteine und Omega-3-Fettsäuren müssen in der richtigen Zusammensetzung gegeben werden (siehe unten), sonst sind Aufzuchtprobleme unvermeidbar. Man kann sich eine entsprechende Futtermischung selbst zusammenstellen oder zu den leider sehr teuren und nicht lange haltbaren Fertigprodukten greifen.

Bei der Zucht und Hälterung der *Brachionus* ist eine knappe Fütterung der Rädertierchen-Kultur immer günstig, weil damit die Gefahr der Kontamination mit Bakterien minimiert werden kann. Vor dem Verfüttern der Zooplankter an die Fischlarven müssen sie jedoch üppig gefüttert und angereichert werden. Darum trennen wir die zum Verfüttern vorgesehene Menge mit einem geeigneten Sieb von der Kultur ab und reichern sie in einer Flasche mit Belüftung für 4–8 Stunden mit hoch konzentriertem Phytoplankton oder einer geeigneten Futtermischung an. Damit das Milieu in dieser Flasche aber nicht kippt und die Plankter umbringt, soll dieser Anreicherungsprozess acht Stunden nicht überschreiten.

Algenkonzentrate

Fertige käufliche Algenkonzentrate sind ein sehr gutes Anreicherungsfutter für *Brachionus*, wenn sie wirklich frisch sind. Leider sind sie nicht lange haltbar. Es handelt sich dabei um tote Algen, mit denen man natürlich auch keine Algenkultur aufbauen kann. Da sie nur in größeren Verpackungseinheiten aus den USA importiert werden und recht teuer sind, werden sie von diversen Anbietern hier in kleinere Einheiten umgefüllt und in den Handel gebracht. Man sieht diesen Konzentraten nicht an, ob sie noch brauchbar oder bereits verdorben sind. Nachdem ich damit mehrfach Nachzuchten verloren hatte, setzte ich diese Methode der Anreicherung nicht mehr ein.

Junge *Pseudochromis aldabraensis*

Pseudochromis aldabraensis – kurze Begegnung im Aquarium
Foto: E. Thaler

Selbst hergestellte Anreicherungsmixtur

Zur Herstellung einer Anreicherungsmixtur können Sie folgendermaßen vorgehen: Geben Sie den Inhalt von 2–3 Kapseln Lachsöl in 2–4 ml Wasser. Dann fügen Sie etwa 2 ml frisches Eigelb hinzu. Das Ganze wird mit einem Milchaufschäumer gut durchgequirlt, damit das Lachsöl mit dem Eigelb emulgiert. Ohne Eigelb würde das Lachsöl mit den später zugeführten weiteren Futterstoffen keine Verbindung eingehen, sondern nur unbrauchbar auf der Wasseroberfläche als Fettaugen schwimmen.

Dann zerkleinern Sie etwas handelsübliches Trockenfutter mit einem Porzellanmörser. Mit dem Artemien-Pulverfutter der Firma Dorswal oder feinem Aufzuchtgranulat von Inter Ryba habe ich gute Erfahrungen gemacht. Zerkleinern Sie etwa 2 g Pulver- oder Granulatfutter und geben Sie dazu eine Messerspitze Astaxanthin. Das Ganze wird dann im Mörser weiter zu feinstem Staub zerrieben. Das so hergestellte Staubfutter wird nun in 5 ml Wasser aufgelöst und noch mit einigen Tropfen Multivitaminsaft (z. B. Sanostol) versetzt. Anschließend gibt man das Eigelb mit dem emulgierten Lachsöl hinzu und quirlt das Ganze nochmals durch. Diese Futtermischung kann einige Tage im Kühlschrank aufbewahrt und zur Artemienanreicherung verwendet werden. Aber Achtung: Für die *Brachionus*-Anreicherung sollten Sie wesentlich weniger Lachsöl einsetzen, denn die filigranen Rotatoren der Rädertierchen verkleben sonst, und die *Brachionus* verenden. Eine halbe Kapsel ist hier besser als eine ganze.

Käufliche Anreicherungslösungen

Die bessere, aber auch wesentlich teurere Variante sind Futtermittel der Firma INVE.

Für die *Brachionus*-Hälterung verwendet man „Culture Selco Plus", für die anschließende Anreicherung „DHA Protein Selco". Beide Anreicherungsmittel sind aufeinander abgestimmt und können nacheinander im selben Kulturwasser verwendet werden. Die Firma INVE wird in Deutschland durch die Firma Tropical Marin in Dreieich vertreten. Dort – oder auch bei diversen Anbietern im Internet – sind Selco-Produkte erhältlich.

INVE Culture Selco Plus zur Kultivierung von *Brachionus*-Rädertierchen

Für die Artemien-Anreicherung verwendet man „Easy Super Selco" oder das noch bessere „Easy DHA Selco". Dieses flüssige Anreicherungsfutter hat allerdings einen erhöhten Fettsäureanteil und ist zur *Brachionus*-Anreicherung nicht geeignet!

Um die Abkürzungen der Omega-3-Fettsäuren etwas besser zu verstehen, hier eine kurze Erläuterung. Wenn man die Namen der so wichtigen, aber schwer auszusprechenden Omega-3-Fettsäuren aus dem Griechischen richtig verstehen und wiedergeben möchte, spricht man für Eicosapentaensäure (EHA) „E-i-cosa-penta-en-säure"); für Docosahexaensäure (DHA) „Docosa-hexa-en-säure". Dann werden auch Zusammenhänge für die Formel DHA (22 : 6 n-3) und EPA (20 : 5 n3) der n-3-(Omega-3-) Fettsäuren verständlicher, denn im Griechischen steht für die Zahl 22 docosa, für 6 das Wort hexa (6fach ungesättigt), für 20 eicosa und für 5 penta (5fach ungesättigt). So spiegeln die Namen nur die Formelzahlen in den langkettigen Fettsäuren wider.

Das meines Erachtens beste flüssige Anreicherungsfutter für Artemien

Die heranwachsenden Jungfische werden auch über die Metamorphose hinaus mit angereicherten Artemien gefüttert und ab der vierten Woche zusätzlich mit einem Trockenfuttergranulat aufgezogen. Dazu verwende ich das „Proton-" und das „NRD-Granulat" der Firma INVE sowie „Cyclop Eeze" von Argent zu gleichen Teilen. Bis zum dritten Monat sind die Jungfische dann komplett auf Trockenfutter und Frostfutter (Mysis und Artemien) umgestellt.

Schlupf und Anreicherung von Artemien

Den Begriff „Artemiaschlupf" habe ich anstatt des Wortes „Artemiaaufzucht" ganz gezielt gewählt, denn eine Aufzucht ist erfahrungsgemäß für den Hobbyzüchter nicht praktikabel und vor allem nicht rentabel. In den ersten zehn Tagen ist die Ausfallrate bei den Artemien sehr groß. Die erzielbare Masse, also die Menge, die mir zum Verfüttern zu Verfügung steht, könnte durch das Wachstum der Artemien vergrößert werden, doch dem stehen große Verluste durch verendende Artemien gegenüber, die durch das Wachstum nicht wettgemacht werden können. Es bringt meiner Überzeugung nach also nichts, Artemien vor dem Verfüttern älter als 72 Stunden werden zu lassen.

Artemiazysten bester Qualität

Artemia salina

Ich verwende nun schon seit rund 45 Jahren bei der Aufzucht von Fischen Artemien. Vor Jahrzehnten kosteten gute Artemiazysten nur einen Bruchteil des heutigen Preises, und man konnte als Hobbyzüchter eigentlich nur eine einzige Qualität erwerben. Zwar züchtete ich bis 1973 Süßwasserfische, und diese stellen weitaus geringere Ansprüche an die Qualität, doch auch davon abgesehen waren diese damals erhältlichen Artemiazysten qualitativ gut. Omega-3-Fettsäuren waren uns Züchtern völlig unbekannt und für Süßwasserfische sicher auch nicht relevant. Das Anreichern von Artemien war nach damaligen Erkenntnissen bei Süßwasserfisch-Nachzuchten nicht nötig, doch für die Nachzucht von Meerestieren (die seinerzeit noch nicht möglich war) gelten eben andere Voraussetzungen.

Artemien existieren im natürlichen Lebensraum in unterschiedlichsten Salzkonzentrationen. Beim Schlupf ihrer Nauplien aus den Zysten ist deshalb ein gewisser Salzanteil notwendig, der aber stark schwanken darf. Viele Aquarianer schwören auf eine bestimmte Salzkonzentration im Schlupfwasser, weil damit angeblich das beste Schlupfergebnis zu erreichen sei. Ich habe die Ergebnisse bei unterschiedlichen Salzdichten verglichen und niemals Zusammenhänge feststellen können. Nur Temperatur und Licht sind wichtige Parameter.

Aufzuchtbecken für *Pseudochromis springeri*

Prinzipiell kann man in den Schlupfflaschen mit Salzkonzentrationen zwischen 1.008 und 1.028 g/l spezif. Gew. arbeiten, doch wir müssen immer bedenken, dass unsere Fischlarven und Jungfische eine Nahrung benötigen, die keinen osmotischen Druckunterschied zu ihrem Umgebungswasser hat. Darum ist es für uns Meerwasseraquarianer am besten, den ohnehin bequemsten Weg zu wählen und für den Artemiaschlupf Wasser aus unserem Aquarium zu verwenden.

Wie bereits erwähnt, gehören weder *Brachionus* noch Artemien zum natürlichen Beutespektrum von Fischlarven. Beide sind als Ersatzfutter zu sehen, weil wir im Binnenland das natürliche Futter nicht beschaffen können. Doch im ausgehungerten und ausgezehrten Zustand ist der Nährwert von *Brachionus* und Artemien minimal und ermöglicht nicht die Aufzucht empfindlicher Larven. Darum muss er durch eine Anreicherung mit verschiedenen Nährstoffen ganz wesentlich gesteigert werden. Glücklicherweise sind *Brachionus* und Artemien Allesfresser, die jeden erreichbaren Partikel aufnehmen und verwerten, sofern er nur die passende Größe hat. Darum kann man sie gewissermaßen als lebendes Transportmittel für diejenigen Nährstoffe einsetzen, die man den Fischlarven verabreichen möchte, die aber allein nicht gefüttert werden können, weil sie auf die Larven keinerlei Beutereiz ausüben.

Entkapselte Artemiazysten eignen sich für unsere Zwecke nicht. Durch die Entkapselung werden die Nauplien stark geschädigt, so dass sie nicht mehr frei schwimmen können oder sogar absterben, und Meerwasser-Fischlarven akzeptieren kein totes Futter.

Artemiazysten und die Schlupfmethoden

Artemiazysten werden in verschiedenen Qualitäten angeboten. Die besten heißen „Platinum" oder „AF". Bei 28 °C schlüpfen diese bereits nach 14 Stunden, Schlupfrate 98 %. Die Qualitäten „Gold" und „Silber" schlüpfen bei 28 °C nach 18–20 Stunden, Schlupfrate 75–90 %. „Bronze"-Zysten schlüpfen bei 28 °C nach 24–36 Stunden, Schlupfrate meist unter 50 %.

Da wir ohnehin zuerst mit *Brachionus* füttern, könnte man auf die Idee kommen, diese Phase etwas zu verlängern, um dann eine mittlere Artemienqualität zu verwenden. Das sieht auf den ersten Blick etwas günstiger aus, ist es aber gar nicht. Die Topqualitäten „AF" und „Platinum" sind leider auch die teuersten. Eine 500-g-Packung bzw. 480-g-Dose kostet derzeit in Deutschland etwa 180,- – 200,- € (Stand 2008). Neuerdings werden von einigen Anbietern im Internet umgefüllte, kleinere Packungseinheiten angeboten. Diese sind für den Zuchtanfänger auf jeden Fall zu empfehlen, da ja vielleicht noch nicht feststeht,

Artemiazysten in Großpackungen sollte man in kleinere, luftdicht verschließbare Behälter umpacken und einfrieren.

ob man weiterhin züchten will oder nur eine einmalige Nachzucht versuchen möchte. Wer allerdings langfristig zu züchten plant, ist mit einer großen 480g- bzw. 500g-Packung gut beraten, deren Inhalt dann allerdings immer in kleinere Einheiten umgefüllt und eingefroren werden sollte. Die geöffnete, nicht mehr vakuumverpackte Ware kann sonst nur einige Monate ohne Qualitätsverlust aufbewahrt werden. Luftdicht eingefroren dagegen sind die Zysten über mehrere Jahre haltbar, ohne Einbußen bei der Schlupfrate.

Die „AF"- und „Platinum"-Qualität enthalten pro Gramm ca. 480.000 Zysten, bei den nachgeordneten Qualitätsstufen „Gold" und „Silber" sind es ca. 340.000 Zysten pro Gramm. Daran erkennt man schon, dass die Zysten wie auch die geschlüpften Nauplien bei den höheren Qualitätsstufen „AF"- und „Platinum" kleiner sein müssen. Wer hingegen eine niedrigere und billigere Qualitätsstufe erwirbt, erhält weniger und größere Artemianauplien.

Artemiazysten der oberen Qualitätsstufen sind nicht billig, doch man muss diesen höheren Kaufpreis auch vor dem Hintergrund der besseren Qualität sehen, beispielsweise dem höheren EHA- und DHA-Gehalt. Berücksichtigt man auch die höhere Schlupfrate, also die größere Zahl verfügbarer Nauplien, wird schnell klar, dass die höhere Qualität nicht viel teurer ist. Bei einer Schlupfrate von 98 % und 480.000 Zysten pro Gramm habe ich gegenüber 75 % und 340.000 Zysten fast die doppelte Anzahl an geschlüpften Nauplien! Somit ist der vierfache Kaufpreis der Spitzenqualität nicht mehr ganz so schmerzhaft. Außerdem ist die Spitzenware wegen des höheren Gehaltes an Omega-3-Fettsäuren auch ohne Anreicherung eine vollwertige Nahrung.

Billigware, die in Deutschland für 30.- € für eine 480g-Dose (Stand 2008) oder manchmal sogar noch günstiger angeboten wird, ist für unsere Zwecke nicht brauchbar. Bei solchen Artemiazysten, meist aus russischer oder chinesischer Produktion, liegt die Schlupfrate weit unter 50 %, und die Nauplien sind meist kaum von den Schalen und den vielen nicht geschlüpften Zysten zu trennen.

Schlupfmethoden

Am effektivsten ist die altbewährte Flaschenmethode. Die Schlupfflasche sollte aus Glas sein. In eine 0,75l-Glasflasche werden etwa 0,5 l Wasser aus dem Aquarium eingefüllt. Man kann natürlich stattdessen auch eine wesentlich teurere, professionelle, kopfstehende Artemienflasche oder einen konischen Zylinder verwenden. Besser geht es damit aber nicht.

Nur Kunststoff-Flaschen kann ich nicht empfehlen, denn die sind schlechter zu reinigen. Da wir auf Geschirrspülmittel verzichten

So sollten frisch geschlüpfte Artemien nach dem Abstellen der Belüftung aussehen: unten die Nauplien und oben die leeren Schalen.

sollten (Spülmittelreste könnten den Zysten und auch den Fischlarven schaden!) und nur mit heißem Wasser und einer Flaschenbürste arbeiten können, ist eine Glasflasche wesentlich leichter und gründlicher zu reinigen. PET-Kunststoff-Flaschen verkratzen bei intensiver Reinigung, und in den Kratzern können sich Bakterien einnisten. Hygiene ist bei der Aufzucht enorm wichtig und fängt ja schon bei der Vorbereitung des Futters an.

Zu den 0,5 l Meerwasser in unserer Schlupfflasche geben wir 1,5–2 ml Artemiazysten. Man könnte die Menge mit 1–2 g auch gewichtsbezogen angeben, doch in der Regel wird der Aquarianer die Zysten nicht wiegen. Weiterhin bekommt unsere Flasche ein Luftröhrchen, das bis zum Flaschenboden reicht. Hier wird die Luft einer Membranpumpe eingeleitet, die mit starker Durchlüftung das Wasser in brodelnde Bewegung bringt und auch die Artemiazysten fortwährend umwälzt.

Der Fachhandel bietet auch sogenannte „Kulturgeräte" für Artemiaflaschen an. Dabei handelt es sich um einen Kunststoff-Stöpsel mit zwei dünnen Luftschläuchen, der auf die Schlupfflasche gesteckt wird. Ein Schlauch geht bis auf den Flaschenboden, der zweite endet oberhalb der Wasseroberfläche und leitet die Luft weiter zu einer benachbarten, zweiten Schlupfflasche. Mit solchen Kulturgeräten können mehrere Flaschen luftsparend in Reihe betrieben werden. Doch Achtung: Das früher verwendete Originalgerät besaß zum Beschweren des bis auf den Boden reichenden Schlauches eine Bleikugel. Wer eine solche alte Ausführung besitzt, sollte die Bleikugel entfernen und stattdessen ein starres Röhrchen einsetzen. Das ist besser zu reinigen, und es können keine schädlichen Schwermetalle in das Wasser geraten. Modernere Kulturgeräte besitzen natürlich schon dieses starre Röhrchen.

Niemand muss bei einer solchen Artemia-Schlupfkultur befürchten, zu wenige Nauplien zur Verfügung zu haben. Wer morgens eine Flasche füllt und abends eine weitere, der kann Hunderte von Fischlarven damit ernähren. Ich selbst betreibe nur vier Flaschen, von denen morgens und abends jeweils zwei neu angesetzt werden, und ich füttere damit Tausende von Jungfischen. Ganz sparsame Menschen – und dazu muss ich mich auch zählen – füllen die Flasche nach der Ernte noch einmal mit Wasser, belüften weitere 6–8 Stunden und holen damit die später schlüpfenden Nauplien auch noch heraus. Da ich bei der ersten Ernte nicht rigoros alle Nauplien absauge, habe ich dann noch einmal zusammen mit den später geschlüpften jede Menge ältere Krebschen, die ich vor dem Verfüttern an die Jungfische allerdings anreichern muss.

Frisch geschlüpfte Artemianauplien im Sieb

Andere Utensilien wie verdunkelte Schlupfschalen oder ins Aquarium zu hängende Schlupfgeräte, aus denen dann kontinuierlich die geschlüpften Nauplien ins Becken schwimmen sollen, kann ich nicht empfehlen. Zum einen ist die Hygiene für unsere Larven nicht ausreichend, zum anderen kann überhaupt nicht kontrolliert werden, wann welche Nauplien geschlüpft sind. Optimal ist nur die Flaschenmethode, bei der ich mit kontrollierter Temperatur die Nauplien genau im richtigen Zeitfenster „produzieren“ kann.

Nach dem Abstellen und Entfernen des Luftröhrchens werden sich bei guten *Artemien*-Zysten die leichten Schalen nach wenigen Minuten an der Oberfläche sammeln. Die geschlüpften Nauplien befinden sich dann im Bodenbereich der Flasche und können ohne

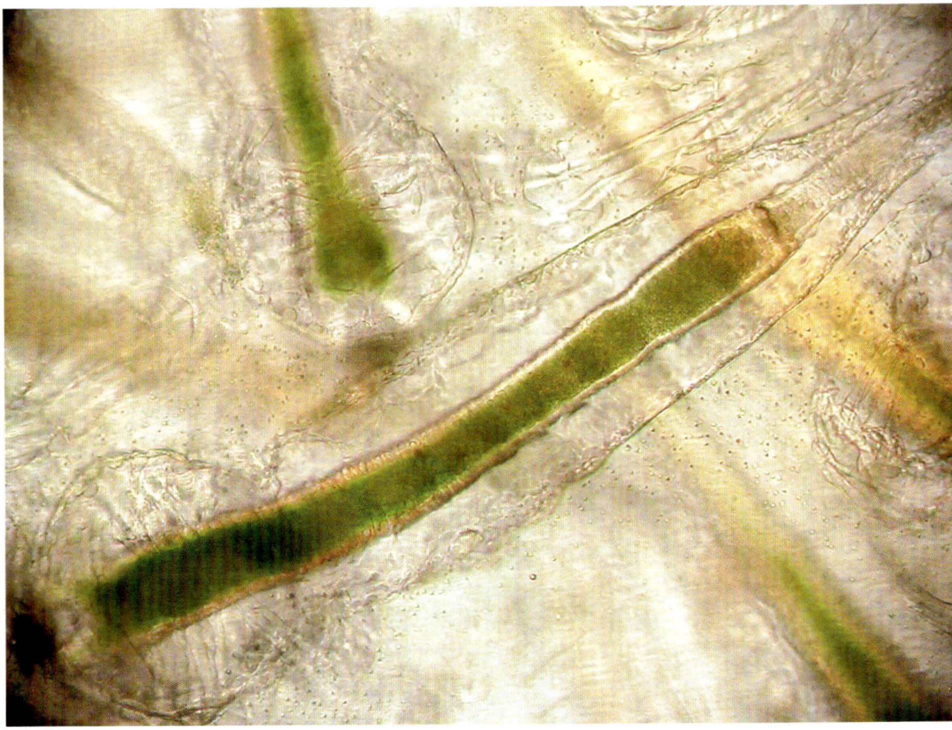

Artemianauplie, gut mit Algen angereichert

Schalen sauber und leicht abgesaugt werden. Sammeln sich die Nauplien nach Abschalten der Belüftung in der Flasche an der lichtzugewandten Seite unten und an der lichtabgewandten Seite oben, ist der Schlupfzeitpunkt bereits um einige Stunden überschritten. und sie sind ausgelaugt und hungrig. Dann kann man sie erst nach einer Anreicherung verfüttern.

Flaschen-Anreicherung von Artemien

Wie bereits erwähnt, müssen wir frisch geschlüpfte Artemien der „AF"- oder „Platinum"-Qualität für unsere Fischlarven in den ersten Tagen nicht anreichern. Die im Folgenden erläuterten Methoden werden für frisch geschlüpfte Artemianauplien der Zystenqualitäten „Gold" und „Silber" empfohlen sowie für hungrige Nauplien, also Exemplare ab einem Alter von zwölf Stunden. Innerhalb der ersten 20 Stunden nach dem Schlupf funktioniert das Anreichern der Nauplien allerdings nicht sehr effektiv, weil sie sich in dieser Zeit von ihrem Dottersack ernähren und kaum fressen.

Haben Artemianauplien das Lebensalter von 20 Stunden erreicht, kann man sie in einer Flasche mit Phytoplankton und ande-

Artemianauplie, effektiv mit Selco angereichert

ren Anreicherungsprodukten für einige Stunden unter starker Durchlüftung anreichern. Diese Methode birgt aber auch Gefahren. Gibt man zu wenig der Anreicherungssubstanzen in die Flasche, dann sind die Nauplien schlecht angereichert, und damit lassen sich die Fische nicht optimal ernähren. Will man das Problem nicht erst am schlechten Wachstum der Fischlarven erkennen, muss man rechtzeitig die Nauplien unter einem Mikroskop betrachten, um ihren Anreicherungszustand zu beurteilen.

Artemianauplie, ausgezehrt und schlecht angereichert

Setzt man dem Nauplienwasser hingegen etwas zu viel der Anreicherungssubstanzen zu, ersticken die Krebschen in kürzester Zeit. Das ist eine Gratwanderung, die ich eigentlich nicht empfehlen möchte. Ich selbst praktiziere ausschließlich die im Folgenden beschriebene „Kühlschrank-Anreicherung" in Petrischalen. Dazu verwende ich Kunststoff-Petrischalen mit 10 cm Durchmesser, die vom Fachhandel für Laborbedarf günstig angeboten werden.

Kühlschrank-Anreicherung frisch geschlüpfter Artemien

Frisch geschlüpfte Nauplien fressen noch nichts und lassen sich darum nicht über eine Fütterung anreichern. Doch bei der „Kühlschrank-Anreicherung" kann man sie ebenfalls aufwerten, weil sie sich dabei sehr wasserarm, also in Form eines dicken Breis, in der Petrischale befinden. Hier ist die Zähflüssigkeit des Breis wichtig, damit die Anreicherungsstoffe am Körper und den Schwimmorganen haften bleiben. Ist der Brei zu wässrig, gelingt dies nicht, und da die frisch geschlüpften Nauplien ja noch nicht richtig fressen, sind sie dann auch nicht ausreichend angereichert. Diese Form der Anreicherung durch äußeres Anhaften funktioniert aber nur mit der oben beschriebenen, selbst hergestellten Anreicherungsmixtur mit entsprechend hohem Anteil an Lachsöl. Die Fertigprodukte von INVE haften nicht so gut!

Die Nauplien dürfen sich natürlich nicht in zu dicker Schicht in der Petrischale befinden. 3–5 ml pro Schale sind das Maximum. Daraus ergibt sich, wenn sich der Brei auf dem kompletten Schalenboden verteilt hat, eine Schichthöhe von maximal 2–3 mm. Zu dieser Nauplienmenge kann man, ohne deren Erstickungstod befürchten zu müssen, 15–20 Tropfen dickflüssigen Anreicherungsbrei hinzufügen. Würde man eine solche Menge Anreicherungsstoffe in eine Artemienflasche mit 1.000 ml Volumen geben und bei 25 °C betreiben, wären die Nauplien bereits nach zwei Stunden tot.

Durch leichtes Schwenken der Petrischale werden die Anreicherungsstoffe etwas besser verteilt. Die weitere Durchmischung besorgen die Nauplien selbst. Die Schale wird mit einem Deckel verschlossen und kommt dann in den Kühlschrank, wo sie für 12–30 Stunden verbleibt. Die Artemien können bei Bedarf jederzeit verfüttert werden. Ich bereite immer mehrere Schalen vor und habe dann den ganzen Tag Futter zur Verfügung.

Kühlschrank-Anreicherung älterer Artemien

Mit 12–30 Stunden alten, hungrigen Artemien wird bei der Kühlschrankmethode genauso verfahren wie zuvor beschrieben. Nur sollten hier etwas weniger Artemianauplien in einer etwas dünnflüssigeren Anreicherungsbrühe schwimmen. Die Anreicherungsstoffe werden ja jetzt von den Nauplien gefressen und müssen nicht an deren Körper haften bleiben. Unter dem Mikroskop betrachtet, lassen die Krebschen aber schnell erkennen, dass der prall gefüllte Darminhalt wesentlich mehr Anreicherungsstoffe speichern kann als beim bloßen Anhaften bei den frisch geschlüpften Nauplien. Darum ist diese Methode auch viel effektiver, hat allerdings den Nachteil, dass die Nauplien natürlich auch schon gewachsen und damit für gerade geschlüpfte Fisch-

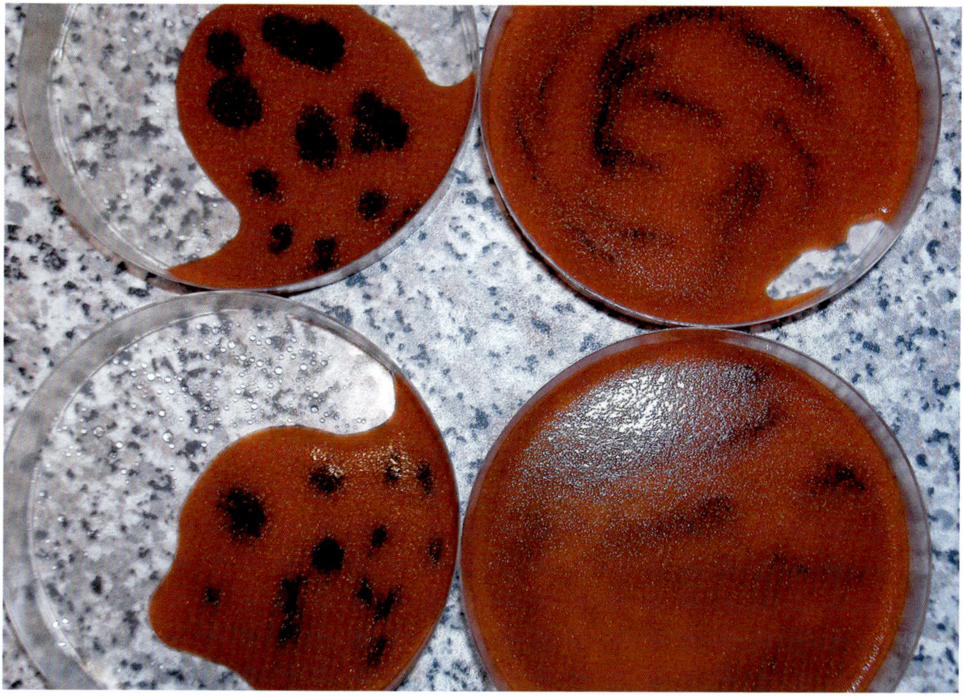

Petrischalen mit angreicherten Artemianauplien

larven zu groß sind. Für etwas ältere Fischlarven sind so angereicherte Nauplien aber wahre „Energiebomben", die sich im Wachstum der Larven enorm bemerkbar machen.

Nach Entnahme aus dem Kühlschrank ist auf jeden Fall eine Vitalitätskontrolle durchzuführen. Hält man die Schale so gegen das Licht, dass sich die Oberfläche etwas spiegelt, sieht man eine stark „krabbelnde" Oberfläche der sich bewegenden Nauplien. Man darf den Inhalt der Schale nur verfüttern, wenn sich die Artemien noch gut bewegen, denn sonst reicht man seinen Larven tote Nauplien. Da man nicht weiß, wie lange sie schon tot sind, und da abgestorbene Artemien schnell verderben, ist die Gefahr einer Vergiftung der Fischlarven mit solchem Futter sehr groß. In diesem Falle wäre es besser, die Fischlarven hungern zu lassen als sie zu vergiften – wenn es sein muss, einen ganzen Tag lang!

Wegen der hohen Konzentration an Anreicherungsstoffen, die ja nicht alle gefressen werden können, ist es günstig, die so angereicherten Krebschen vor dem Verfüttern an die Fischlarven kurz in einem Artemiensieb mit einigen Spritzern Aquarienwasser abzuspülen. Die große Menge anhaftender Anreicherungsprodukte würde das Wasser im Fischlarvenbecken sonst unnötig belasten.

Im Ablaufschacht kann man die vorhandene Wasserbewegung nutzen, um mit einer speziellen Larvenfalle die Brut abzufangen.

Technische Hilfsmittel für die Larvenaufzucht

Larvenfalle

Will man regelmäßig Fischlarven einfangen, ist die oft praktizierte „Becher- und Taschenlampenmethode" natürlich nicht sehr zweckmäßig. Stattdessen sollte man sich eine Larvenfalle bauen oder anfertigen lassen. Die Größe des Kastens ist so zu wählen, dass eine leichte Handhabung gewährleistet ist. Gebastelte klapprige Kästchen mit wackelig aufgesetzten Punktstrahlern sind nicht zu empfehlen. Die Größe einer Larvenfalle sollte zwischen 250 x 150 x 120 mm und 400 x 25 x 200 mm (L x B x H) liegen. Als Material kommt eigentlich nur Acrylglas in Betracht. Wichtig ist ein undurchsichtiger Boden, am besten schwarz, damit kein Licht durchscheint, weil sich sonst beim Einsatz des Punktstrahlers die Fischlarven unterhalb des Kastens im Lichtschein sammeln würden. Der Kasten bekommt stirnseitig im oberen Drittel ein Ansaugloch mit 20–25 mm Durchmesser. An der entgegengesetzten Stirnseite wird ein

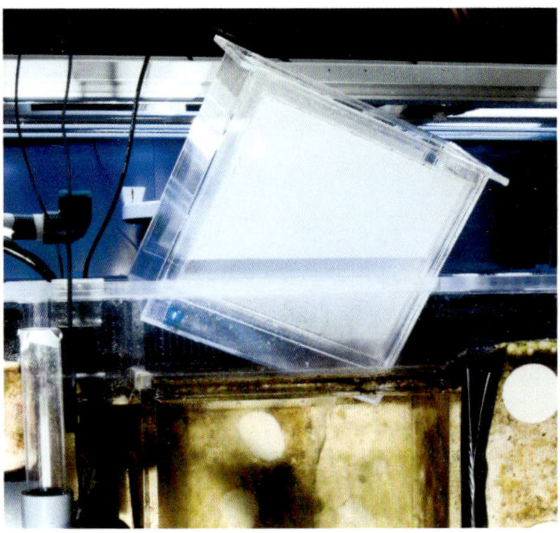

Steht kein Ablaufschacht zur Verfügung, kann eine Larvenfalle mit Luftheber oder Pumpe ausgestattet werden, um Aquarienwasser hindurch zu transportieren.

zweites Loch mit einem Durchmesser 12–15 mm gebohrt, und dort stecken wir das Auswurfrohr einer kleinen Pumpe von innen auf, damit das Wasser herausbefördert wird.
Längs durch den Kasten wird dann ein Acrylrahmen mit einem Gazenetz eingeklebt. Die Maschenweite sollte zwischen 150 und 300 µm liegen. Feinere Gazenetze verstopfen zu schnell, gröbere lassen die Larven passieren. Der Larvenkasten wird abends in das Aquarium gehängt. Dabei sind abschraubbare Halterungen sehr vorteilhaft. Zwei mit entsprechend breiten Schlitzen versehene Acrylplatten können je nach ihrer Position an der Front- oder Seitenscheibe eingehängt oder auf die Zugstrebe des Glasbeckens geschoben werden. Über dem großen Ansaugloch wird ein kleiner Punktstrahler (eine helle LED in einem PVC-Rohr ist ausreichend) aufgesteckt. Nachdem die Larven in die Falle geschwommen sind, wird das Ansaugloch verschlossen. Dann lässt man das Wasser bis etwa zur Hälfte ab, kann den Kasten aus dem Aquarium heben und die Larven vorsichtig in ein Aufzuchtbecken umsetzen.

Absaughilfe

Im ungefilterten Aufzuchtbecken muss ein regelmäßiger Teilwasserwechsel vorgenommen werden. Dazu baut man sich am besten eine Absaughilfe. Gleichzeitig wird damit auch ein Teil des nicht mehr

Zwei Absaugrohre mit Planktonsieben unterschiedlicher Maschenweiten

nährstoffhaltigen Zooplanktons (*Brachionus* oder Artemien) entfernt. Pumpt man das Wasser über die Absaughilfe in ein feines Planktonsieb von 40–60 µm Maschenweite und lässt das Wasser wieder zurück ins Aufzuchtbecken laufen, hat man einen feinmaschigen Filter. Damit können innerhalb kurzer Zeit energiearme Futtertiere aufgefangen und entfernt werden.

Ein mit Bodenplatte versehenes Acrylrohr bekommt unten knapp über dem Boden einen Ausschnitt von mindestens 4 x 4 cm. Hier befestigen wir ein Planktonsieb, und dazu verwenden wir der Einfachheit halber Artemiasiebe, die mit unterschiedlichen Maschenweiten erhältlich sind. Die jeweils verwendete Maschenweite richtet sich nach der Größe der Fischlarven und des abzusaugenden Zooplanktons. Mit dem feinsten Artemiasieb können nur *Brachionus* abgesaugt werden, und zum Absaugen von Artemien muss dann schon die zweit- oder drittgrößere Maschenweite gewählt werden. Aber bis zum Einsatz gröberer Siebe sind die Fischlarven schon größer und laufen nicht mehr Gefahr, mit abgesaugt zu werden.

Absaugschlauch

Natürlich muss auch der Boden im Aufzuchtbecken täglich abgesaugt und von Mulm sowie Futterresten gereinigt werden. Dazu verwendet man am besten ein Stück Acrylröhrchen von 4 mm Durchmesser. Die Länge des Röhrchens richtet sich nach der Beckenhöhe und sollte so bemessen sein, dass man nicht in das Wasser hineingreifen muss. Am unteren Ende wird ein Stück schräg abgeschnittener Silikonschlauch

Absaugrohr und Planktonsieb im Einsatz

aufgesteckt, der dem besseren Absaugen des blanken Glasbodens dient. Am oberen Ende sollte ein 90°-Bogen sein, den man durch leichtes Erhitzen und vorsichtiges Biegen des Röhrchens selbst herstellen kann. Daran wird ein entsprechender Schlauch angeschlossen. Nun verwendet man den Absaugschlauch wie beim Teilwasserwechsel mit einem Mulmsauger am normalen Aquarium. Für schnelleres Arbeiten hat sich ein 6-mm-Rohr mit entsprechendem Schlauch bestens bewährt, den man allerdings erst dann einsetzen sollte, wenn die Larven 6–10 Tage alt und etwas größer sind, denn erst dann sind sie in der Lage, dem stärkeren Sog zu entkommen.

Ein Auflichtmikroskop („Stereolupe") und ein Durchlichtmikroskop sind für jeden ernsthaften Fischzüchter unentbehrliche Hilfsmittel.

Mit dem Absaugschlauch wird nun vorsichtig und langsam der gesamte Boden in nebeneinander liegenden Bahnen abgesaugt. Proben des abgesaugten Detrius sollte man unter einem Mikroskop untersuchen, um festzustellen, welche Planktonarten vorhanden sind. Bei verstärktem Auftreten von *Euplotes* ist ein gründlicheres Absaugen mit größerem Teilwasserwechsel angesagt, denn das Vorhandensein von *Euplotes* deutet, wie bereits erwähnt, stets auf ein verstärktes Auftreten schädlicher Bakterien hin, die dringend entfernt werden müssen.

Zum Schluss

Ich hoffe, ich habe an alles Wichtige gedacht, damit Pflege und Paarbildung dieser interessanten Tiere einfacher werden. Vielleicht wagt der eine oder andere Leser sich sogar an die Nachzucht der Pseudochromiden, und wenn er damit Erfolg hat, wird er feststellen, dass es für einen Aquarianer kaum etwas Schöneres geben kann, als einen selbst aufgezogenen Fisch heranwachsen zu sehen.
Viel Erfolg!

MAI, W. (2008): Ein ungewöhnliches Meeresaquarium. – Der Meerwasseraquarianer 3: 44–51
KRAUS, H. (2008): Larvenfalle. – KORALLE 49, 9 (1): 82–83.

Pseudochromis flavivertex
Foto: K. Velling

DAS MEERWASSERAQUARIUM

Von der Planung bis zur erfolgreichen Pflege

Dieter Brockmann

Die Meeraquaristik ist eines der faszinierendsten und interessantesten Hobbys überhaupt. Immer mehr Menschen möchten deshalb einen Riffausschnitt mit all seinen wunderschönen Bewohnern bei sich zu Hause pflegen. Wie dieser Wunsch problemlos in Erfüllung gehen kann, zeigt der langjährige Meeresaquarianer und KORALLE-Redakteur Dr. Dieter Brockmann in diesem Praxis-Ratgeber. Der Autor vermittelt hier alles Wissenswerte rund um den Lebensraum Korallenriff und erläutert anschaulich, wie man ein modernes Riffaquarium erfolgreich einrichtet und betreibt. Natürlich geht Dieter Brockmann auch detailliert auf die Bewohner des Aquariums ein und stellt die am besten geeigneten Fische und Wirbellosen in Wort und Bild vor.
Dieses fundiert geschriebene und leicht verständliche Buch ist ein Muss für Einsteiger ebenso wie für fortgeschrittene Riffaquarianer!

- Lebensraum Korallenriff
- Das Aquarium: Größe, Standort, Einrichtung und Systeme
- Technik: von der Beleuchtung über die Abschäumung bis zur Filterung
- Wasserwerte kontrollieren und regulieren
- Schritt-für-Schritt-Anleitung für Einrichtung und Inbetriebnahme des Aquariums
- Die Tiere: Kauf und Eingewöhnung
- Die schönsten und am besten geeigneten Fische und Wirbellose im Porträt
- Faszinierende Fotos

192 S., 216 Farbfotos, 27 Grafiken,
Format 17,5 x 23,2cm, Hardcover
ISBN 978-3-86659-058-8

19,80 €

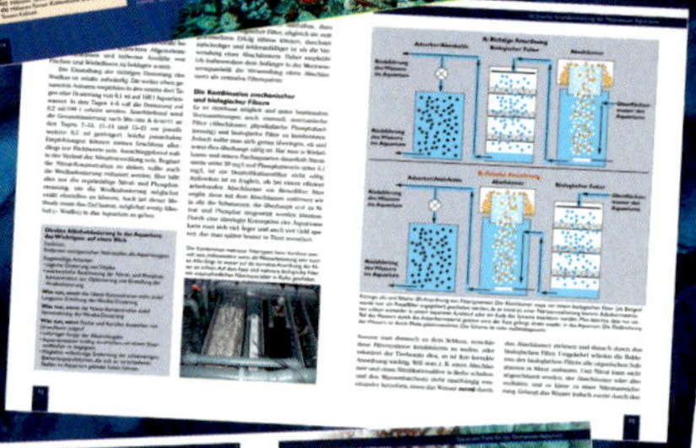

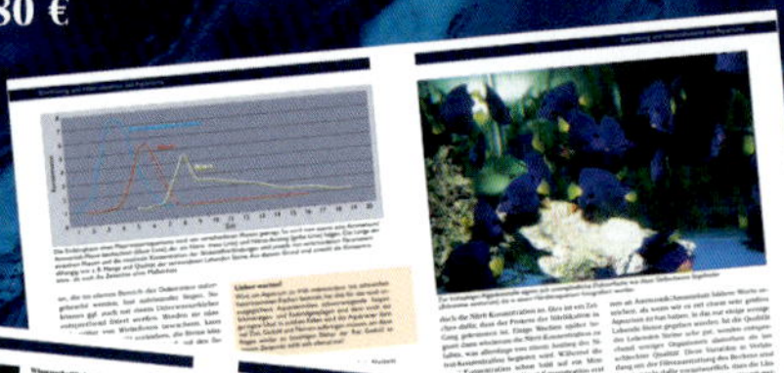

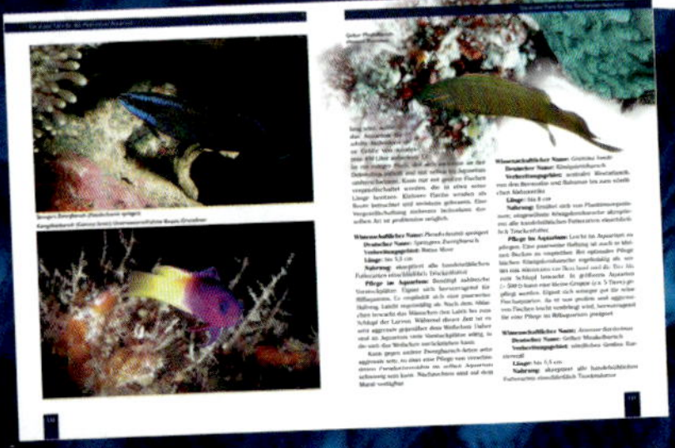

NANO-RIFFAQUARIEN

Einrichtung und Pflege von Kleinst-Meeresaquarien

Daniel Knop

Nano-Riffaquarien rücken faszinierende Lebensformen in den Vordergrund, die in einem „normalen“ Aquarium kaum Beachtung finden. Der Betrachter eines Nano-Riffaquariums erlebt, wie Korallen wachsen, und beobachtet andere kleine und kleinste wirbellose Tiere.

Das neue Verfahren, das Daniel Knop entwickelt hat und das er in diesem Buch vorstellt, ermöglicht auch die Unterhaltung kleinster Meeresaquarien, die überall Platz finden! Dieses Buch informiert leicht verständlich und unterhaltsam über Einrichtung und Pflege der zauberhaften Nano-Riffaquarien sowie über die geeignete Auswahl an Tieren.

176 Seiten, 390 Farbabbildungen, Format: 17,5 x 23,2 cm, Hardcover

ISBN 978-386659-134-9

19,80 €

STEINKORALLEN IM AQUARIUM

Daniel Knop

Band 1: Natürlicher Lebensraum, Artbestimmung, Aquariengeeignete Gattungen

144 Seiten, 178 Farbabbildungen, Format 17,5 x 23,2 cm, Hardcover

ISBN 978-3-931587-70-3

Band 2: Aquarienhaltung, Vermehrung, Haltungsprobleme und Lösungen

136 Seiten, 137 Farbabbildungen, Format 17,5 x 23,2 cm, Hardcover

ISBN 978-3-931587-71-0

Noch bis vor kurzem galten die herrlich bunten Steinkorallen als äußerst schwierige Pfleglinge oder sogar als unhaltbar – mittlerweile sind sie aus der modernen Meeresaquaristik nicht mehr wegzudenken. Die ebenso vielfältigen wie faszinierenden Tiere prägen wie kein anderes Element ein dem natürlichen Biotop nachempfundenes Riffaquarium und verleihen ihm den besonderen Reiz.

Daniel Knop, Chefredakteur der Fachzeitschrift KORALLE, gibt in diesen beiden Bänden sein in langjähriger Erfahrung gesammeltes Wissen leicht verständlich und praxisnah an die Leser weiter. Besonderes Augenmerk richtet er auf die geeigneten Pflegebedingungen, die er umfassend und im Detail vorstellt – selbst die Vermehrung der attraktiven Korallen ist mit diesen Tipps kein Problem mehr.

je 24,80 €

DAS MITTELMEERAQUARIUM

Einrichtung und Pflege von Mittelmeeraquarien

Kai Velling

Alles, was Sie wissen müssen, um erfolgreich und mit viel Freude ein Mittelmeer-Becken betreiben zu können. Viele hilfreiche Tipps rund um Einrichtung und Pflege dieses Aquarientyps erleichtern den Einstieg und bieten auch erfahrenen Aquarianern eine reiche Erfahrungsquelle. Natürlich stellt der Autor auch in Wort und Bild die interessantesten Arten vor, die sich für die Aquarienhaltung eignen. Hinweise zum Sammeln, zum Transport und zu gesetzlichen Bestimmungen fehlen ebenso wenig wie Einblicke in die wichtigsten mediterranen Lebensräume: Hartboden, Seegraswiese, Sedimentboden und Meereshöhle.

152 S., 162 Farbfotos, 10 Grafiken,
Format 17,5 x 23,2cm, Hardcover

ISBN 978-3-86659-039-7

24,80 €

NTV

Natur und Tier - Verlag GmbH
An der Kleimannbrücke 39/41 · D-48157 Münster
Tel.: 0251-13339-0 · Fax: 0251-13339-33
E-Mail: verlag@ms-verlag.de · Home: **www.ms-verlag.de**